中国少儿百科

食物链

尹传红　主编　苟利军　罗晓波　副主编

U0352155

核心素养提升丛书

四川科学技术出版社

一 食物链

这三种动物组成了一条食物链：蝉→螳螂→黄雀。

树上，一只螳螂抓住了一只蝉，很快把它吃掉。紧接着，一只黄雀飞到螳螂后面，又把它吃到肚子里了。蝉是螳螂的食物，螳螂又是黄雀的食物。

食物链是指生物群落中各种动植物和微生物彼此之间由于摄食的关系（包括捕食和寄生）所形成的一种联系。在一条食物链中，有生产者和消费者。一般情况下，植物是生产者，它们可以利用光合作用制造养分，还能贮存从阳光中获得的能量，而动物是消费者，它们无法制造养分，只能依靠吃植物或者其他动物来获得养分。

我们再来看一些自然界中的其他食物链。

"草→兔→鹰"食物链：在这条食物链里，草制造了养分，兔子吃草，鹰又吃兔子。兔子和鹰都是消费者。

"树→天牛幼虫→啄木鸟"食物链：啄木鸟吃掉了危害树木的天牛幼虫，所以被称为"森林医生"。

"稻谷→虫子→青蛙"食物链：青蛙吃掉大量危害稻谷的虫子，使稻谷茁壮成长。

"海藻→虾米→小鱼→大鱼"食物链：在这条食物链里，海藻是生产者。

"红三叶草→土蜂→田鼠→猫"食物链：在猫多的地方，田鼠的数量就会减少，而土蜂就会变多。因为有足够多的土蜂传播花粉，红三叶草的长势也会变好。在猫少的地方，红三叶草的长势也会差很多。

二 草原、沙漠食物链

在自然界中，各条食物链互相交错、连接，又形成一张张食物网。食物网是指一个生物群落中许多食物链彼此相互交错连接的复杂营养关系。让我们走进非洲大草原，看看这里的食物网和各条食物链吧！

"草→斑马→狮子"食物链：非洲草原上的尖毛草根系发达，在雨季，尖毛草几天就能长到 2 米高，被称为"草地之王"。

每只斑马身上的斑纹，都不会和另外一只斑马完全相同，就像人的指纹一样。

狮子

非洲大羚羊　　草

"草→非洲大羚羊→狮子"食物链：非洲大羚羊身高能达到1.8米，体长可达3米，体重最重的接近1吨。

"草→斑马→非洲野狗→狮子"食物链：非洲野狗的体毛颜色很复杂。发现猎物后，它们会紧追不舍，毫不放松，直到对方累得实在跑不动了被它们抓住。

斑马

非洲野狗

草

狮子

羚羊

非洲野狗

草

狮子

"草→羚羊→非洲野狗→狮子"食物链。

鼠

蛇

草

食蛇动物

狮子

"草→鼠→蛇→食蛇动物→狮子"食物链。

在这个食物网中的5条食物链中，狮子都位于顶端。狮子是陆地上最凶猛的肉食动物之一，被称为"草原之王"。它们体形巨大，身高超过1米，体长可达3米。

捕捉猎物时，狮子们总是集体行动。它们会悄悄接近猎物，然后突然发起进攻。

我们再来看看沙漠里
的食物链和食物网。

"仙人掌→蚂蚁→蜥蜴→老鹰"食物链：在
干旱炎热的大沙漠里，仙人掌是很常见的植物。
它们的生命力非常顽强，被称为"沙漠英雄花"。
仙人掌的茎十分肥厚，饱含汁液。它们的"叶子"
非常奇特，是一根根尖锐的刺。

老鹰的视力超棒，它们在上千米的高空中也
能准确找到地上的猎物，所以被称为"千里眼"。

"仙人掌→蚂蚁→角蜥→老鹰"食物链。

"仙人掌→蚂蚁→角蜥→响尾蛇→老鹰"食物链：老鹰锐利的爪子和嘴巴，能置响尾蛇于死地。老鹰的爪子上长着厚厚的角质鳞片，就算是蛇的尖牙也对它无可奈何。

角蜥的自卫武器是头上的尖刺和身上的刺状鳞片。遇到危险时，角蜥能从眼睛里喷出血来，并射出一两米远，然后趁敌人不知所措时急忙逃走。

响尾蛇的尾部长着一串角质环，摆动起来会发出响亮的声音。它们还拥有独特的红外线感应器官，能帮助它们捕捉猎物。

沙漠食物网里的食物链还有：

"仙人掌→蚂蚁→蜥蜴→郊狼"食物链。

"仙人掌→蚂蚁→蜥蜴→响尾蛇→郊狼"食物链。

"仙人掌→蚂蚁→角蜥→郊狼"食物链。

"仙人掌→蚂蚁→角蜥→响尾蛇→郊狼"食物链。

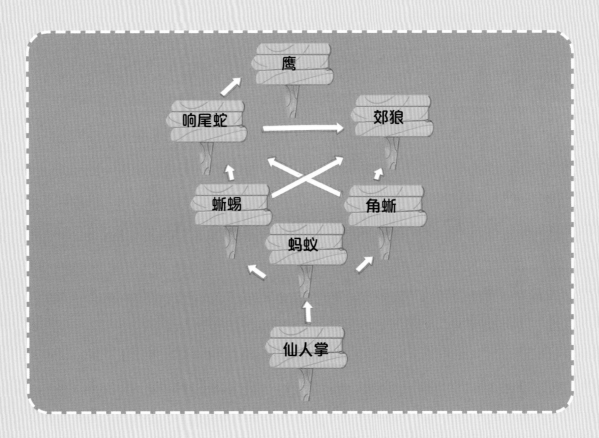

沙漠食物网里的食物链还有

三　极地食物链

"苔藓→北极兔→北极狐"食物链。

北极食物网的众多食物链中，主要生产者是苔藓、苔草等各种苔藓类植物。

在这条食物链中，北极兔以苔藓为食。它们皮毛的颜色会随着季节而变换，冬天呈白色，其他季节则呈灰褐色。北极狐的皮毛也会随季节而变化，冬天呈白色，夏天则呈灰黑色。北极兔和旅鼠都是北极狐的美食。

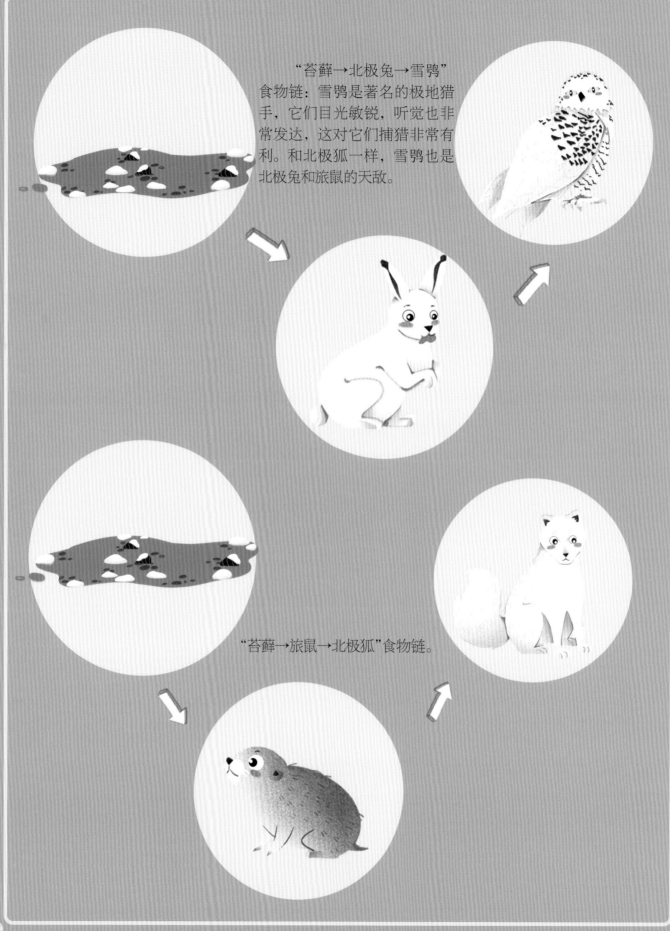

"苔藓→北极兔→雪鸮"食物链：雪鸮是著名的极地猎手，它们目光敏锐，听觉也非常发达，这对它们捕猎非常有利。和北极狐一样，雪鸮也是北极兔和旅鼠的天敌。

"苔藓→旅鼠→北极狐"食物链。

　　旅鼠是一种非常小巧的啮齿动物，一只旅鼠一年最多可产下近一百只幼崽。在荒野中，常常会冒出一大群旅鼠，然后又消失不见，所以有人把旅鼠称为"天鼠"。这种动物的食量大得惊人。研究发现，一只旅鼠一年可以吃掉 45 千克食物，因此它们获得了一个有趣的绰号：肥胖、忙碌的收割机。

　　北极狐找到旅鼠藏身的雪窝后，会先挖掘雪窝，在快要挖开时，北极狐会高高跃起，把整个雪窝压塌，将窝里的旅鼠压死，然后开始享用美餐。

"苔藓→旅鼠→雪鸮"食物链：在北极，旅鼠的生存状态危机四伏，一只凶猛的雪鸮一年吃掉的旅鼠就有 1 600 只左右。

"苔藓→驯鹿"食物链：你们知道给圣诞老人拉雪撬的是什么动物吗？对！就是这条食物链里的驯鹿。这是一种很温顺的鹿，喜欢吃苔藓。它们的体形较大，肩高和体长都超过 1 米。它们的一对角很像树枝，每年都会换一次。

和北极不同，南极食物链中的生产者主要是海中的浮游植物。食物链中的动物消费者有：虎鲸、蓝鲸、海豹、企鹅和南极磷虾等。

身体能发光的南极磷虾以浮游植物为食。南极海洋中的磷虾数量庞大，1立方米海水中的磷虾最多可达3万只。

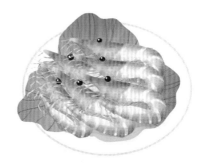

南极磷虾也是人类的美味佳肴，享有"地球蛋白库"的美称。

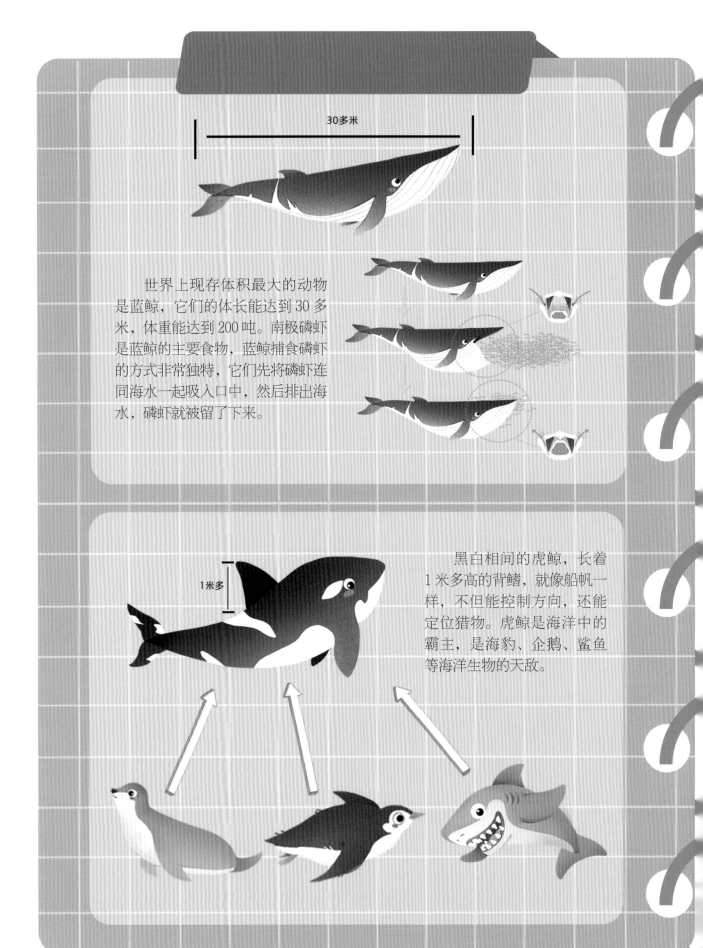

30多米

世界上现存体积最大的动物是蓝鲸，它们的体长能达到30多米，体重能达到200吨。南极磷虾是蓝鲸的主要食物，蓝鲸捕食磷虾的方式非常独特，它们先将磷虾连同海水一起吸入口中，然后排出海水，磷虾就被留了下来。

1米多

黑白相间的虎鲸，长着1米多高的背鳍，就像船帆一样，不但能控制方向，还能定位猎物。虎鲸是海洋中的霸主，是海豹、企鹅、鲨鱼等海洋生物的天敌。

只有在产崽、哺乳、休息和换毛时，海豹才会上岸或者爬到冰面上。其余的时间，它们都在海洋中度过。

食蟹海豹是世界上数量最多的海豹。不过，它们的主要食物是南极磷虾，而不是螃蟹。

最能代表南极的动物，大概就是企鹅了。它们的背部是黑色的，腹部是白色的，走起路来摇摇晃晃的，很有几分气度。

企鹅虽然是海鸟，但没有飞行能力，反而进化成了最擅长游泳的鸟类。

四　捕食、避敌和共生关系

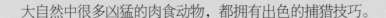

大自然中很多凶猛的肉食动物，都拥有出色的捕猎技巧。

猎豹是跑得最快的陆生动物。它们身上长着黑色的斑点，腹部为白色，没有斑点，面部有两道黑色条纹，从眼角延伸到嘴角，称为"泪纹"。通常情况下，猎豹能在1分钟内捕获正在逃跑的猎物。

老虎是百兽之王，发现猎物时，它们会悄悄接近对方，然后抓住时机猛扑过去，用强壮的身躯扑倒猎物，然后捉住它们。

狼群往往在头狼的率领下进行集体捕猎。它们团结协作，耐力极强，因此生存能力非常强大。

蝙蝠是长着翅膀，拥有飞行能力的哺乳动物。白天，它们都在休息，到了晚上才出来捕食。

蝙蝠在飞翔时会不断地发出超声波，超声波遇到障碍物或猎物后，就会反射回来。于是，蝙蝠就能通过超声波判断障碍物或猎物的方位了。

在淡水中生活的水螅，身体的一端有个口子，口子的周围长着又细又长的触手，触手满布刺细胞，可射出刺丝和毒液。水螅捕食的时候，刺细胞里的刺丝会刺进猎物体内，而刺丝释放的毒液会使猎物麻痹，甚至中毒而死。

生活在半咸水中的射水鱼，能用舌头抵住口腔顶部的管道喷出水箭，最远可达两米，可以轻松击落一些小昆虫，然后大快朵颐一番。

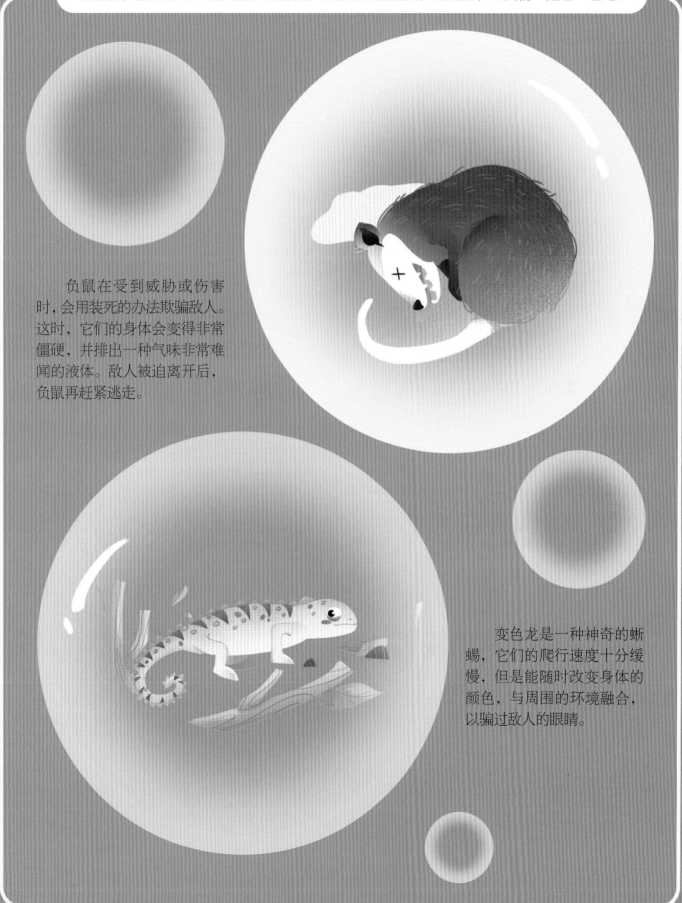

负鼠在受到威胁或伤害时，会用装死的办法欺骗敌人。这时，它们的身体会变得非常僵硬，并排出一种气味非常难闻的液体。敌人被迫离开后，负鼠再赶紧逃走。

变色龙是一种神奇的蜥蜴，它们的爬行速度十分缓慢，但是能随时改变身体的颜色，与周围的环境融合，以骗过敌人的眼睛。

兔子跑得飞快，能轻松甩掉追赶它们的敌人。它们也很聪明，往往有多个栖身的洞穴，一旦发现危险，它们就会飞快地逃回洞里躲起来。

每当遭遇敌人的时候，黄鼠狼就会释放出一股臭不可闻的气体，并在臭气的掩护下迅速逃走。黄鼠狼是肉食动物，刺猬可能成为它们的食物。当刺猬卷成一团时，黄鼠狼通过释放臭气将刺猬熏晕或放射臭液麻醉刺猬，然后成功捕食。

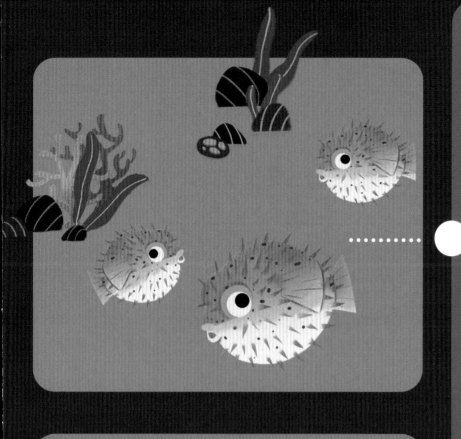

海洋里的刺鲀，身上长满尖锐的硬刺，平时贴在皮肤上。当它们遇到敌人时，就会吸入大量的海水和空气，使身体膨胀成球状，身上的尖刺一根根竖立起来，看起来非常可怕，让敌人无法下口。捕食者哪里还敢再吃它们?

很多人都知道，大海里的乌贼能喷出浓黑的墨汁。原来，它们的体内有一个墨囊，里面的腺体能分泌出墨汁。当遇到敌人时，乌贼就会迅速喷出墨汁，然后乘机逃走。

很多昆虫都是以植物为食的。可是，你知道吗？有些植物竟然还能吃虫子呢！

猪笼草长着一个个捕虫笼，会散发出强烈的香味，吸引昆虫们来觅食。它的笼口会分泌一些湿滑的蜜液，一些贪吃的小虫子一不留神便会掉进猪笼草的"笼子"里被吃掉。

小白兔狸藻的白色小花，看起来就像一只只小兔子。它们的茎上长着很多捕虫囊，当附近有昆虫飞过时，这些捕虫囊就会迅速打开，把猎物收入囊中。

捕虫堇的叶子会渗出黏液，能轻松地粘住小昆虫。当昆虫停在叶子上时，叶缘受到感应向内卷曲，让昆虫无法逃脱，然后分泌出消化液，慢慢消化捕获的食物。

捕蝇草的捕虫夹能分泌出香甜的蜜汁。小虫子闻到蜜汁的香味后，就会被吸引过来，然后被捕虫夹夹住，成为捕蝇草的食物。

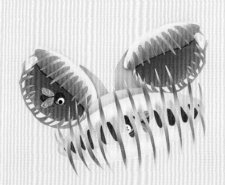

为了更好地生存下去，不同生物之间还会互相协作，这就是有趣的共生现象。

海葵是形似植物的海洋动物，长着有毒的触手。每当小丑鱼遇到危险时，就会躲进海葵丛中，寻求保护。小丑鱼可以为海葵清理寄生虫、坏死组织等，还能把一些小动物引到海葵身旁，供其捕食。

鼓虾通过挖掘泥沙形成洞穴，能为自身及虾虎鱼提供居住环境，而虾虎鱼敏锐的视觉则为鼓虾提供安全警戒。

犀牛鸟会在犀牛的背上、角上和耳朵里啄食寄生虫和死皮，为犀牛提供清洁服务，同时也获得了丰富的食物来源。犀牛鸟还能时刻警惕周围的危险，一旦发现有敌人接近，就会发出尖锐的叫声，提醒犀牛逃跑或者防御。这样，犀牛鸟就成了犀牛的忠实警卫，而犀牛也给了犀牛鸟一个安全的栖息地。

红嘴牛椋鸟喜欢通过啄食黑斑羚背上的寄生虫和皮屑填饱肚子，而黑斑羚则获得了一次免费"清洁服务"。

斑马和鸵鸟经常在一起觅食，斑马的嗅觉和听觉极为灵敏，而鸵鸟的视觉异常发达。一旦发现险情，它们就会立刻通知对方逃跑。

牙签鸟经常啄食鳄鱼嘴里的寄生虫和食物残渣，充当免费的"牙科医生"。当危险来临时，牙签鸟还会大声鸣叫，为鳄鱼示警。

五　大海深处的"生命绿洲"

鲸鱼死亡后，会沉入深深的海底，这就是"鲸落"的开始。

　　"鲸落"的第一个阶段，巨大的鲸尸很快就会成为鲨鱼、盲鳗、甲壳类等生物的食物。外形像蛇一样的盲鳗，能钻进鲸鱼的尸体内，用像吸盘一样的嘴巴吃掉鲸肉，还能用皮肤吸收营养物质。在最初的两年时间内，鲸鱼尸体会被盲鳗等动物吃掉 90%。

　　"鲸落"的第二个阶段，大量的甲壳类、多毛类等动物继续啃食鲸鱼的尸体。同时，它们还会在鲸尸上繁衍后代。这个阶段持续的时间短则几个月，长则可达数年。

甲壳类动物大多数是虾、蟹等外骨骼动物。

多毛类动物的身体一般呈长圆柱形，由多个相似的体节组成，躯干部的体节上都长着一对疣足。

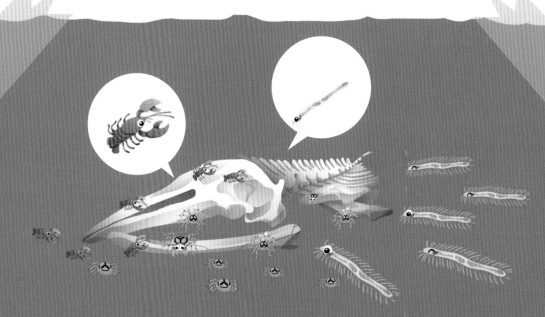

　　"鲸落"进入第三个阶段时，鲸鱼的尸体就只剩下骨架了。这时，那些能在无氧环境中生存的厌氧菌开始分解鲸骨中的脂肪，并产生硫化氢。一些化能自养生物从中获得了能量，于是形成菌落。那些细菌和贝类、海蜗牛等生物就在菌落上生存、繁殖，形成了一个生机勃勃的"生命绿洲"。这个阶段最长能持续上百年。

　　到了最后，鲸骨中的矿物质慢慢地变成了礁石。

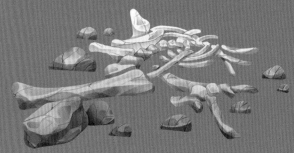

你知道吗？在大海的深处，也会喷发出富含矿物质的热泉。

海底热泉温度最高可达400℃，但遇到海水就会迅速冷却，热泉中的矿物质也会逐渐沉积，并堆积成烟囱状。

一座座热泉"烟囱"之间，也是适合多种生物生存的"绿洲"。这些生物有硫细菌、雪人蟹、罗希虾、巨型管状蠕虫、巨型蛤、庞贝蠕虫等。其中，硫细菌等微生物就是这条食物链中的生产者。

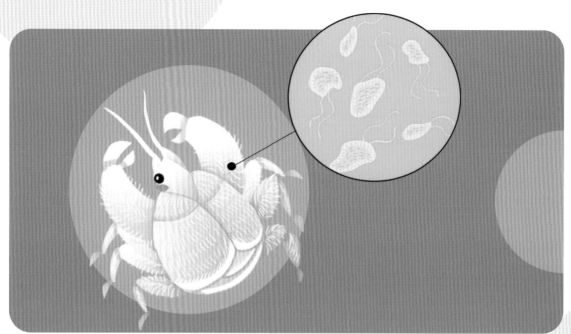

雪人蟹的腿和螯上长着很多黄色绒毛，
上面沾满了硫细菌，它们就是雪人蟹的食物。

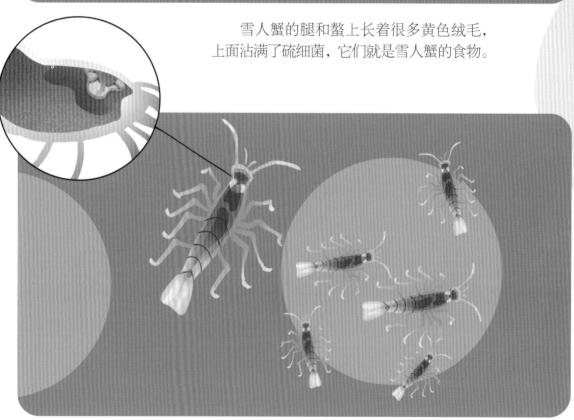

罗希虾又叫盲虾，因为它们的眼睛已经退化了，主要
通过像剪刀一样的微小触手来捕捉细菌，所以罗希虾以硫
细菌等为食。

巨型管状蠕虫体长可达3米，它们的鳃冠是血红色的，呈羽毛状。硫细菌能在它们体内的"营养体"上生存。

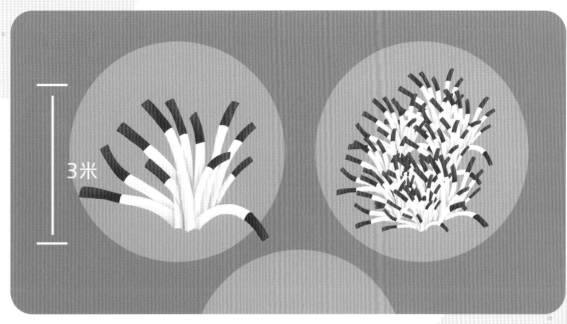

巨型蛤无法自主进食，但它们的鳃里生活着大量硫细菌，它们就靠这些硫细菌产生的有机物和能量维持生命。同时，巨型蛤通过鳃的运动为硫细菌提供新鲜的热泉水，使硫细菌获得它们所需要的硫化氢和其他营养物质。

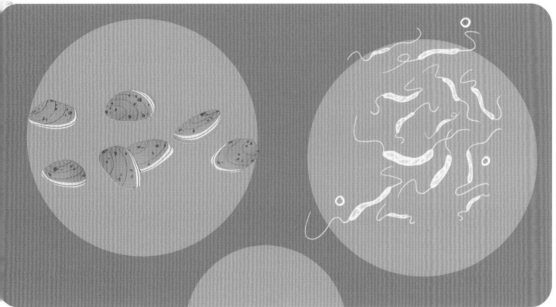

庞贝蠕虫是世界上最耐高温和最耐温差的动物。它们会利用自身的分泌物在石管的管壁筑起一条管子，生活在里面。它的管底温度能达到80℃，奇怪的是管口的温度只有20℃左右。庞贝蠕虫背部长着一种丝状细菌，而它们的食物就是这些细菌分解的有机物。

六 人类消费者

人类以动物、植物、真菌等为食，所以人类也是食物链中的消费者。人类在获取食物的过程中，如果不懂得节制，就会造成非常严重的后果。

比如，人们为了吃到更多的鱼而过度捕捞，就会造成鱼类的数量急剧减少，甚至使某些鱼类濒临灭绝。

人们为了获得更多的土地，不惜毁掉大片森林，导致许多动物失去了栖身之所，数量大幅减少。

为了饲养更多的牛羊，人们在草原上到处开辟牧场，使大片草原沙漠化，严重破坏了自然环境。

以上种种作法，不仅破坏了自然环境，还违反了相关法律。

我们要爱护自然环境，保护野生动物。只有这样，我们的地球才会越来越美好。

图书在版编目 (CIP) 数据

食物链 / 尹传红主编；苟利军，罗晓波副主编 .
成都：四川科学技术出版社，2024. 11. -- (中国少儿
百科核心素养提升丛书). -- ISBN 978-7-5727-1615-7

Ⅰ . Q148-49

中国国家版本馆 CIP 数据核字第 20243P5Q53 号

中国少儿百科 核心素养提升丛书

ZHONGGUO SHAO ER BAIKE HEXIN SUYANG TISHENG CONGSHU

食物链
SHIWULIAN

主　　编　尹传红

副 主 编　苟利军　罗晓波

出 品 人　程佳月

责任编辑　魏晓涵

助理编辑　王美琳

营销编辑　杨亦然

选题策划　陈　彦　鄂孟君

封面设计　韩少洁

责任出版　欧晓春

出版发行　**四川科学技术出版社**
　　　　　成都市锦江区三色路 238 号　邮政编码 610023
　　　　　官方微博 http://weibo.com/sckjcbs
　　　　　官方微信公众号　sckjcbs
　　　　　传真 028-86361756

成品尺寸　205 mm × 265 mm

印　　张　2.25

字　　数　45 千

印　　刷　文畅阁印刷有限公司

版　　次　2024 年 11 月第 1 版

印　　次　2025 年 1 月第 1 次印刷

定　　价　39.80 元

ISBN　978-7-5727-1615-7

邮　　购：成都市锦江区三色路 238 号新华之星 A 座 25 层　邮政编码：610023
电　　话：028-86361770